Bibliografische Information der Deutschen Nationalbibliothek:

Die Deutsche Bibliothek verzeichnet diese Publikation in der Deutschen National-
bibliografie; detaillierte bibliografische Daten sind im Internet über http://dnb.d-
nb.de/ abrufbar.

Impressum:

Copyright © 2009 GRIN Verlag, Open Publishing GmbH
Druck und Bindung: Books on Demand GmbH, Norderstedt Germany
ISBN: 9783640672837

Dieses Buch bei GRIN:

http://www.grin.com/de/e-book/155078/die-rolle-und-die-entwicklung-der-landwirt-
schaft-in-portugal-und-spanien

Harald Leutner

Die Rolle und die Entwicklung der Landwirtschaft in Portugal und Spanien

GRIN Verlag

Bayerische Julius – Maximilians – Universität Würzburg

Philosophische Fakultät II

Institut für Geographie

Sommersemester 2009

Oberseminar: Iberische Halbinsel

Thema: Die Rolle und die Entwicklung der Landwirtschaft in Portugal und Spanien

Referent: Harald Leutner

Abgabetermin: 17. 04. 2009

Inhaltsverzeichnis

Abbildungs- und Tabellenverzeichnis

Abkürzungsverzeichnis

BRD – Bundesrepublik Deutschland

EFTA – European Free Trade Association

EIB – Europäische Investitionsbank

ERDF – European Regional Development Fund

EU – Europäische Union

EWG – Europäische Wirtschaftsgemeinschaft (bis 1993, dann EU)

IWF – Internationaler Währungsfond

z.B. – zum Beispiel

z. T. – zum Teil

1 Einleitung

Die iberische Halbinsel gilt als eines der beliebtesten Reiseziele der Deutschen. Millionen von Touristen verbringen dort jedes Jahr ihren Urlaub. Neben dem sonnigen Wetter, den Sehenswürdigkeiten und der abwechslungsreichen Natur und Landschaft gehören auch iberische Speisen und Getränke zu den Hauptattraktionen der Halbinsel. Ein wichtiger Faktor, der sowohl die Landschaft als auch die Gesellschaft Iberiens seit Jahrtausenden geprägt hat, ist die Landwirtschaft. Seit mehreren tausend Jahren kultiviert der Mensch die Landschaft der iberischen Halbinsel, um dort nutzbares Acker- und Weideland zu schaffen und zu erhalten. Kaum ein Gebiet der Erde war so vielen exogenen Veränderungen im Bezug auf Kultur, Religion und ethnischer Herkunft unterworfen. Jeder neue Einwanderer oder Eroberer hat auch die Landwirtschaft geprägt und weiterentwickelt. Da die Neuankömmlinge immer aus anderen Klima- und Kulturräumen kamen, brachte jeder eine andere Mentalität, Motivation und Fleiß für die Landwirtschaft mit. Betrachtet man also die Entwicklung der Landwirtschaft, die in dieser Arbeit herausgearbeitet werden soll, ist also hier in erster Linie die Verschmelzung verschiedener landwirtschaftlicher Methoden unter Einfluss bestimmter exogener und endogener Faktoren zu erkennen. Aus diesem Grund werde ich zu Beginn der Arbeit die wichtigsten Faktoren für die Landwirtschaft erläutern und dann mit der historischen Rückschau auf die Entwicklung des Agrarsektors beginnen. Um den gewünschten Rahmen einzuhalten und um gleichzeitig das Abschweifen in andere Themen zu verhindern wird in dieser Arbeit nur die eigentliche Landwirtschaft behandelt. Themen wie Fischerei, Vieh- und Forstwirtschaft werden daher nur für relevante Zusammenhänge erwähnt. Schließen möchte ich dann mit der Rolle und Entwicklung der Landwirtschaft in Portugal und Spanien im 19. und 20. Jahrhundert. Hier möchte ich besonders auf die vergangenen drei Jahrzehnte Bezug nehmen und so versuchen den Einfluss der Liberalisierung der Märkte nach der Demokratisierung und den Beitritt zur Europäischen Union für die Landwirtschaft in Spanien und Portugal aufzuzeigen.

2 Die Rolle und die Entwicklung der Landwirtschaft in Portugal und Spanien

Im Vergleich zur BRD hat die Landwirtschaft in Spanien und Portugal einen großen Stellenwert. Dies liegt schon begründet in der Zahl der landwirtschaftlichen Betriebe. Hatte Deutschland 2003 ca. 412000 Betriebe, so hatte das wesentlich kleinere Portugal ca. 360000 und Spanien sogar ca.1140000 Höfe (siehe Tab.1). Die Zahl der Betriebe ist allerdings nicht besonders aussagekräftig, wenn man ihr nicht noch die landwirtschaftlich genutzte Gesamtfläche gegenüberstellt. Vergleicht man nun die Zahlen von Tabelle 2 mit den Zahlen Tabelle 1 ist festzustellen, das Portugal ähnlich viele Betriebe wie Deutschland hat, aber nur ca. 22 % der landwirtschaftlichen Nutzfläche.

Tab. 1: Zahl der Betriebe in der EU – 15[1]

Land	1995	1997	2000	2003
Belgien	70 980	67 180	61 710	54 940
Dänemark	68 770	63 150	57 830	48 610
Deutschland	566 910	534 410	471 960	412 300
Griechenland	802 410	821 390	817 060	824 460
Spanien	1 277 600	1 208 260	1 287 420	1 140 730
Frankreich	734 800	679 840	663 810	614 000
Irland	153 420	147 830	141 530	135 250
Italien	2 482 100	2 315 230	2 153 720	1 963 820
Luxemburg	3 180	2 980	2 810	2 450
Niederlande	113 200	107 920	101 550	85 500
Österreich	221 750	210 110	199 470	173 770
Portugal	450 640	416 690	415 970	359 280
Finnland	100 950	91 440	81 190	74 950
Schweden	88 830	89 580	81 410	67 890
Vereinigtes Königreich	234 500	233 150	233 250	280 630
EU 15	7 370 040	6 989 160	6 770 690	6 238 580

Tab. 2: Landwirtschaftl. Fläche in der EU – 15[2]

Land	1995	1997	2000	2003
Belgien	1 354 410	1 382 740	1 393 780	1 394 400
Dänemark	2 726 610	2 688 560	2 644 580	2 658 210
Deutschland	17 156 850	17 160 010	17 151 560	16 981 750
Griechenland	3 578 210	3 498 660	3 583 190	3 967 770
Spanien	25 230 340	25 630 130	26 158 410	25 175 260
Frankreich	28 267 200	28 331 330	27 856 310	27 795 240
Irland	4 324 520	4 342 380	4 443 970	4 371 710
Italien	14 685 450	14 833 110	13 062 260	13 115 810
Luxemburg	126 860	126 630	127 510	128 160
Niederlande	1 998 880	2 010 510	2 027 800	2 007 250
Österreich	3 425 130	3 415 090	3 388 230	3 257 220
Portugal	3 924 620	3 822 120	3 863 090	3 725 190
Finnland	2 191 700	2 171 580	2 218 410	2 244 700
Schweden	3 059 730	3 109 060	3 073 200	3 126 910
Vereinigtes Königreich	16 446 620	16 168 850	15 798 510	16 105 810
EU 15	128 497 130	128 690 760	126 790 810	126 055 390

Beim Vergleich zwischen Deutschland und Spanien ist der Unterschied nicht ganz so markant, dennoch müsste Spaniens Landwirtschaft fast die doppelte Fläche bewirtschaften um die gleichen Betriebsgrößen wie Deutschland zu erreichen.

2.1 Großräumige Gliederung der Iberischen Halbinsel

Um einen Überblick über die unterschiedlichen Nutzungsformen in der Landwirtschaft auf der iberischen Halbinsel zu erreichen, ist es notwendig, Faktoren wie klimatische Einflüsse, natürliche Vegetation, Topographie, Geologie zu betrachten. Weiterhin ist bei der Analyse des Agrarsektors wichtig die politische Gliederung zu erfassen und die politischen und kulturellen Gegebenheiten in den Überblick einzubeziehen. Die iberische Halbinsel ist zum großen Teil von Meer umgeben. Nur der Nordosten ist mit Kontinentaleuropa verbunden[3]. Hier allerdings bildet der Gebirgszug der Pyrenäen ein großes natürliches Verkehrshindernis, das die politische, sowie kulturelle Grenze zu Westeuropa markiert (vgl. Breuer, 2008: S.10). Wichtig für die großräumige Gliederung Iberiens sind auch die exponierte Lage zwischen zwei bedeutenden Meeren und die relative Nähe zur afrikanischen Küste (siehe Abbildung 1). Das Mittelmeer im Osten der Halbinsel und der Atlantik im Westen machten die iberische Halbinsel schon immer zu einer Brücke für Handel und Kultur. Besonders in der Antike und in der frühen Neuzeit nahmen alle größeren politischen und kulturellen Umwälzungen auf der Halbinsel ihren Anfang im Mittelmeerraum. Erst mit der Entdeckung Amerikas und dem Aufbau gewaltiger Kolonialreiche in Übersee gewann der Atlantik an Bedeutung.

---

[1] Gurrath, 2006: S. 39

[2] Gurrath, 2006: S. 40

[3] Bei mehr als 5000 km Außengrenze sind nur rund 700 km mit Europa verbunden,

2.1.1 Klima und Vegetation

„Das Klima, d.h. der mittlere Zustand der Atmosphäre über einem Gebiet während eines längeren Zeitraumes, bildet die übergeordnete ökologische Determinante für mögliche Agrarsysteme. Die klimatische Differenzierung der Erde bildet den Rahmen, in den sich die Bodennutzung einzupassen hat." (Arnold, 1997: S. 32)

Das Klima der iberischen Halbinsel ist stark diversifiziert. Dies liegt besonders an den vorherrschenden Windrichtungen und der großen topographischen Vielfalt der Halbinsel. Der Norden und Nordwesten der Halbinsel steht unter dem starken Einfluss von maritimen Luftmassen. Diese bringen neben humiden Klima auch gemäßigte Temperaturen. Im Norden Iberiens können jährliche Niederschlagsmengen von bis zu 1600 mm pro Jahr fallen (vgl. Chatel, 2006: S. 20) Die Zentralen Hochebenen im Süden und Südosten Iberiens werden

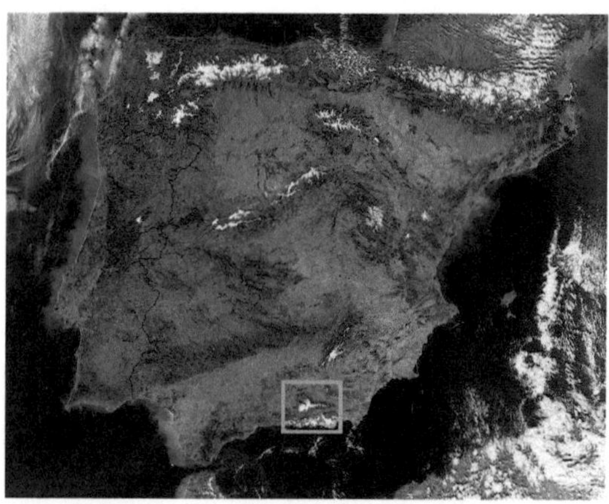

hingegen durch die Niederschläge nur während der Wintermonate erfasst. Hier herrscht semiarides z. T. arides Klima vor. Diese Bereiche der iberischen Halbinsel gehören damit zu den sommertrockenen Subtropen. Trotz größerer Niederschläge im Winterhalbjahr erhalten die Gebiete im Süden, in der Mitte und im Osten der Halbinsel im Schnitt nur ca. 300 mm Regen im Jahr (vgl. Chatel, 2006: S. 20). **Abb. 3: Iberische Halbinsel**[4]

Die Temperaturen schwanken im zeitlichen Jahreslauf nicht besonders stark. Hier macht sich der Einfluss der Meeresbedeckung bemerkbar. Allerdings sind die zentralen Hochebenen und Hochgebirge leichtem Kontinentalklima ausgesetzt. Daher können im Winter die Temperaturen auch über längere Zeiträume hinweg unter den Gefrierpunkt sinken. Dies kann dazu führen, dass subtropische Gebirge wie die Sierra Nevada[5] im Süden der Halbinsel schneebedeckt sind (Oranger Kasten Abb. 1). Ohne anthropogene Einflüsse würde das Gebiet des Mediterranraumes mit Wald bedeckt sein[6]. So hat aber die Abholzung, Brandrodung und Kultivierung der Böden die Vegetation nachhaltig beeinflusst. Auch in Spanien und Portugal

---

[4] http://de.wikipedia.org/wiki/Sierra_Nevada_(Spanien) aufgerufen am 10.04.2009
[5] Sierra Nevada heißt zu deutsch „schneebedecktes Gebirge"
[6] Große Teile der iberischen Halbinsel wären mit immergrünen Eichenwäldern als Schlussgesellschaft bedeckt. Die nördlichen Küstengebiete hätten als Pflanzendecke sommergrüne Laubwälder.

hat das menschliche Handeln die natürliche Vegetation zurückgedrängt oder vollständig zerstört (vgl. Brückner, 1994: S. 24 – 29).

2.1.2 Geologie und Topographie

Die Iberische Halbinsel entstand durch das Zusammenschieben der Eurasischen und Afrikanischen Kontinentalplatte. Die erste Auffaltung im Zuge der variszischen Orogenese ist heute noch in Form der charakteristischen Hochflächen[7] erhalten. Durch die alpidische Orogenese entstanden dann über dem iberischen Variszikum die Hochgebirge der Pyrenäen und der Sierra Madre (vgl. Schönenberg/ Neugebauer, 1997: S.161/162). Die variszischen Hochflächen haben zwischen Kastilischem Scheidegebirge und Kantabrischem Gebirge im Schnitt eine Höhe von 800 Metern und zwischen Sierra Nevada und dem Kastilischen Scheidegebirge eine durchschnittliche Höhe von 600 Metern (vgl. Herzog, 1989: S. 9). Die mineralogische Zusammensetzung der Halbinsel ist stark durch die variszische und alpidische Orogenese beeinflusst. So treten vor allem in der Meseta viele Gesteine mit plutonischen und vulkanischen Ursprung hervor. An der Peripherie der Halbinsel haben sich aufgrund der starken Erosion ausgedehnte Molasseflächen bilden können (vgl. Schönenberg/ Neugebauer, 1997: S.162 – 172). Durch die großen orographischen Gegebenheiten sind auf der Halbinsel eine Vielzahl von natürlichen Gunst- oder Ungunsträumen entstanden. Während die Regionen im Norden durch die hohen Gebirgskämme des Kantabrischen Gebirges hohe Niederschlagszahlen erreichen können, sind die Gebiete im Schatten dieser hohen Gebirge oft semiarid oder arid.

2.1.3 Böden und ihre Nutzung

Die iberische Halbinsel weist durch die verschiedenen geologischen und klimatischen Voraussetzungen eine große Zahl an verschiedenen Böden auf. Durch die regelmäßige Feuchtigkeitszufuhr im Winterhalbjahr ist die wichtigste Voraussetzung für die chemische Verwitterung erfüllt. Daneben spielt aber auch die physische Verwitterung, in den Hochgebirgen sogar Frostverwitterung eine Rolle. Die Pedogenese läuft im Mediterranraum, aufgrund der saisonalen Humidität langsamer ab als in den humiden Zonen der Erde. Das zentrale Hochland und die Küstenbereiche im Süden und Osten sind mit roten mediterranen Böden z. T. auch Terra rossa oder Terra fuscae bedeckt. In den Gebieten entlang der Hochgebirge kommen hingegen braune Podsolböden vor, die durch Eichengebirgswälder entstanden sind. Im Norden und Nordwesten Iberiens haben sich durch die verhältnismäßig starke Humidität lessivierte Parabraunerden und Pseudogleye entwickeln können. Die

---

[7] Diese Hochebene heißt im spanischen Maseta (dt. = der Tisch). Sie wird durch das kastilische Scheidegebirge in eine nördliche und eine südliche Meseta unterteilt.

Landwirtschaft auf den Hochflächen und an den Hängen der Erhebungen ist nicht besonders effizient und nur mit erheblichen Mühen erfolgreich. Diese Flächen werden daher entweder für den Anbau von Dauerkulturen oder für die Viehhaltung genutzt. Geeignet für die landwirtschaftliche Nutzung sind jedoch vor allem die Böden entlang der Flüsse. Durch die hohe Reliefenergie und starke Denudation[8] führen die iberischen Flüsse große Mengen Sedimentfracht. Diese Sedimente werden dann beim Nachlassen der Flusssteigung entlang des Flussbettes akkumuliert und bilden dort nährstoffreiches und fruchtbares Schwemmland. Dieses Schwemmland ist im Gegensatz zu den Böden der Meseta und der Gebirge, wegen des hohen Anteils an feinkörnigem Material, leicht zu bearbeiten. Die Nutzung dieser Gebiete ist daher auch heute noch besonders intensiv[9] und ermöglicht es, z. T. mehrere Ernten im Jahr einzubringen (vgl. Rother, 1993: S. 51 – 55).

2.1.4 Politische Gliederung

Einen maßgeblichen Einfluss auf die landwirtschaftliche Entwicklung auf der iberischen Halbinsel hat auch die politische Gliederung. Während Portugal ein relativ geschlossenes zentralistisches Staatsgebilde, mit den Zentren Lissabon und Porto, darstellt, ist Spaniens Territorium durch eine Vielzahl an autonomen Regionen gekennzeichnet. Jede autonome Region hat vor allem in Bereich des Umweltschutzes und der Landwirtschaft eigene Kompetenzen. Vor allem das Baskenland im Norden und Katalonien im Osten Spaniens sind politisch und kulturell sehr eigenständig und nutzen diese Autonomie auch für die Stärkung der eigenen (Agrar-) Wirtschaftinteressen (vgl. Herzog, 1989: S. 15 – 26). Diese Regionalisierung erschwert die Koordination erheblich und führt des Weiteren dazu, dass sich Infrastrukturprojekte, die mehrere Regionen betreffen, nur schwer durchsetzen lassen. (vgl. Breuer, 1982: S. 8/9) Neben den nationalen politischen Gegebenheiten sind Spanien und Portugal Mitglieder der Europäischen Union. Diese supranationale Institution ist in vielen Bereichen der Landwirtschaft von großer Bedeutung. Die EU ist in der Lage durch Subventionen und verbindliche Rechtsvorschriften aktiv die Agrarpolitik zu gestalten und dadurch die Entwicklung des ländlichen Raumes zu koordinieren. Außer den beiden großen Flächenstaaten befindet sich noch der Zwergstaat Andorra und das britische Überseeterritorium Gibraltar auf der iberischen Halbinsel. Diese spielen jedoch unter dem Gesichtspunkt der Landwirtschaft keine wichtige Rolle.

---

[8] Ausgelöst durch Starkregenereignisse in den Wintermonaten.
[9] Große landwirtschaftliche Flächen existieren entlang des Ebro, des Tejo, Guadiana und des Guadalquivir

2.2 Historische Entwicklung

Die iberische Halbinsel ist aufgrund ihrer klimatischen und petrologischen Eigenschaften schon sehr früh für Landwirtschaft genutzt worden. Besonders die fruchtbaren Schwemmgebiete der Flüsse und die Küstenebenen an der Ost- und Südseite der Halbinsel waren schon im ersten vorchristlichen Jahrtausend das Ziel von seefahrenden Völkern[10]. In Folge der Phönizier zogen auch die Griechen auf der Suche nach neuem Land und Handelsgütern ins westliche Mittelmeer und gründeten entlang der Ost- und Südküste eine Reihe von Kolonien. Mit der Kolonisation durch die Griechen erreichten auch neue landwirtschaftliche Methoden den westlichen Mittelmeerraum und ermöglichten einen starken Bevölkerungsanstieg und damit eine weitere Expansion ins Binnenland. Die Entwicklung erlaubte die Gründung und den Aufstieg großer Städte, die in der Lage waren die eigene Bevölkerung mit ausreichend Nahrungsmitteln zu versorgen. Neben der Eigenvorsorge spielte auch schon sehr früh der Export der Erzeugnisse eine bedeutende Rolle. Die Halbinsel war sowohl für Karthago als auch für Rom ein wichtiges Importland von Getreide, Wein und Öl. Großen Einfluss auf die Entwicklung der iberischen Halbinsel hatte auch die Nähe zum nordafrikanischen Festland[11], da von hier regelmäßig innovative Techniken für die Landwirtschaft über die Straße von Gibraltar kamen.

2.2.1 Landwirtschaft in der Antike

Die landwirtschaftliche Entwicklung der iberischen Halbinsel setzte schon vor mehr als 3000 Jahren ein. Vor allem die fruchtbaren Schwemmlandgebiete entlang der großen Flüsse haben sehr früh Einwanderer angelockt. Besonders Phönizier und Griechen nutzten diese natürlichen Gunstregionen für die Landwirtschaft. Verstärkt wurde dieses Potential durch die Nutzung von Bewässerungsanlagen und die Einführung neuer landwirtschaftlicher Geräte. Neue Materialien wie Eisen, das seit dem 8. Jahrhundert v. Chr. genutzt wird, ermöglichten es den Bauern effizienter den Boden zu bearbeiten[12]. Die Ankömmlinge aus dem östlichen Mittelmeer brachten aber vermutlich auch den Olivenbaum mit auf die iberische Halbinsel. Die Früchte dieses Baumes sind auch heute noch eines der wichtigsten landwirtschaftlichen Produkte. Nach den Griechen und Phöniziern gelang es den Karthagern im Süden der Halbinsel Fuß zu fassen. Besonders die strategische Lage an der Straße von Gibraltar und die reichen Edelmetallvorkommen übten auf dieses Seefahrer- und Handelsvolk eine große

---

[10] Vor allem die Phönizier gründeten im Süden der iberischen Halbinsel erste Siedlungen um zum einen die günstige strategische Lage zu nutzen und, um zum anderen Rohstoffe (z. B. Gold) aus dem Landesinneren zu gewinnen. So geht die Stadt Cadiz im Südosten Spaniens auf die phönizische Kolonie Gadir zurück.
[11] Der Name der Halbinsel geht auf den Stamm der Iberer zurück, der vermutlich durch die Einwanderung nordafrikanischer Bevölkerungsgruppen entstanden ist.
[12] Eisen ist im Vergleich zu Bronze oder Kupfer härter. Daher konnten nun Pflugscharen gebaut werden, mit denen die obere Bodenkrume effizienter gewendet und so Nährstoffe gleichmäßiger verteilt werden konnten.

Anziehung aus. Nach dem 2. Punischen Krieg musste Karthago die Halbinsel räumen und zwei römische Provinzen wurden eingerichtet[13]. Die römische Durchdringung der Halbinsel war ungleich tiefer und gleichzeitig großflächiger als die der Karthager. Römische Sprache, Recht und Verwaltung halfen bei der Einbindung der neuen Provinzen ins römische Weltreich. Für die Landwirtschaft bedeutete die römische Eroberung einen gewaltigen Aufschwung. Neben der Intensivierung des Bewässerungsfeldbaus und der Verbesserung der Infrastruktur, haben die Römer erstmals große Latifundien mit Monokulturen angelegt[14], die sie häufig von Sklaven bewirtschaften ließen. Außerdem erhielten viele römische Soldaten nach ihrem Ausscheiden aus der Armee Parzellen auf der iberischen Halbinsel zugewiesen. So konnte das römische Reich die Provinzen stärker an sich binden und gleichzeitig die Bevölkerung in die Gesellschaft integriert werden[15]. Rückblickend haben die Römer einen großen Anteil an der späteren Entwicklung der spanischen Landwirtschaft. Durch umfassende Herrschaft über den gesamten Mittelmeerraum wurden landwirtschaftliche Methoden, Geräte und Nutzpflanzen aus dem Osten des Reiches nach Westen transferiert (vgl. Wagner, 2001: S. 23 -26).

2.2.2 Entwicklung in der Landwirtschaft im ersten Jahrtausend n. Chr.

Schon vor dem Niedergang des weströmischen Reiches 486 n. Chr. entstanden auf der iberischen Halbinsel germanische Reiche. Von großer Bedeutung wurden hier die Königreiche der Sueben im Nordwesten und das Reich der Westgoten, dass sich von Südspanien bis nach Zentralfrankreich erstreckte. Die Könige dieser Stämme änderten allerdings wenig an der Verteilung von Grund und Boden, sondern ersetzten die bisherigen Großgrundbesitzer durch ihnen ergebene Vasallen. Dieses Herrschaftssystem endete erst durch den Einfall muslimischer Eroberer 711. Mit den nordafrikanischen und arabischen Eroberern kamen auch neue Techniken und landwirtschaftliche Pflanzen auf die iberische Halbinsel[16]. Die neuen Herren setzten neben der Kanalbewässerung auch die Brunnenbewässerung ein und konnten so die Anbaufläche noch einmal erheblich ausweiten. An neuen Kulturpflanzen wurden z. B. Reis, Dattelpalme, Zuckerrohr, Baumwolle, Zitrone und Melone eingeführt. Auch bei der Landverteilung gab es erhebliche Veränderungen. Die Großgrundbesitzer ließen ihre Felder nun nicht mehr ausschließlich durch Sklaven bearbeiten, sondern verpachteten Teile ihres Landbesitzes an Kleinbauern. Dies führte zu einer starken Parzellierung der Grundstücke und damit zur Bildung von Streusiedlungen in

---

[13] Hispania citerior und Hispania ulterior

[14] Anbaufrüchte waren vor allem Oliven, Weizen und Wein

[15] Die guten Beziehungen zwischen Rom und den iberischen Kolonien beweisen die römischen Kaiser mit hispanischer Herkunft, z.B. Trajan (53 – 117 n. Chr.) und Hadrian (76 – 138 n. Chr.)

[16] Im Vergleich zu den Germanen aus Mittel- und Osteuropa waren die Eroberer aus Nordafrika erfahren bei der Nutzung trockener Böden. Durch die Anlage neuer Bewässerungssysteme und die Einführung von Widerstandsfähigeren Pflanzen konnten auch unter schwierigen Bedingungen gute Erträge erzielt werden.

der Nähe der landwirtschaftlichen Fläche (vgl. Breuer, 2008: S. 26/27). Die Epoche der Reconquista, die bis zum Fall von Granada 1492 dauerte, führte wiederum zu einem Umbruch in der landwirtschaftlichen Entwicklung. Während im Norden und in der Mitte der iberischen Halbinsel das Land in kleinen Parzellen gleichmäßig an die Ritter und Klöster verteilt wurden und so kleine bis mittlere agrarische Anwesen entstanden, wurden im Süden große Flächen an geistliche Würdenträger und Ritterorden vergeben. Diese gewaltigen Güter, die Ausdehnungen von mehreren 10000 Hektar Fläche haben konnten, sind auch heute noch in diesen Regionen dominant. Mit der Vergabe von Ländereien an verdiente Krieger und Soldaten endete allerdings die Zeit der intensiven Bewirtschaftung der Flächen. Die ansässigen muslimischen Bauern wurden, sofern sie nicht in den Kämpfen umgekommen waren, vertrieben und die neuen Eigentümer hatten häufig kein Interesse an der anstrengenden Feldarbeit. Der Feldbau wurde deshalb häufig durch die Viehhaltung ersetzt[17]. Die neuen Großgrundbesitzer waren daran interessiert, dass die landwirtschaftlich nutzbaren Flächen für sie selbst Arbeitsextensiv blieben, da sie in der Regel in den aufstrebenden Städten lebten und ihre Güter von angestellten Verwaltern betreuen ließen. Die Erträge der Latifundien sollten in erster Linie das Auskommen der Besitzer sichern[18] (vgl. Wagner, 2001: S. 36).

2.2.3 Koloniale Expansion und deren Auswirkung auf Portugal und Spanien

Mit dem Ende der Reconquista begann für Spanien und Portugal der Wettlauf um die Entdeckung der Erde. Beide Staaten richteten nun ihr Augenmerk auf die überseeische Expansion. Während sich Spanien bemühte den amerikanischen Kontinent zu erobern, konnte Portugal den Seeweg nach Süd- und Südostasien entdecken und erobern. Die gewaltigen Reichtümer der neu entdeckten Gebiete lockten eine große Zahl von Auswanderern in die Kolonien. Sie erhofften sich durch Handel und Krieg dem Elend in ihren Bauerndörfern zu entkommen und schnell zu großen Reichtum zu gelangen[19]. Die Abnahme der ländlichen Bevölkerung durch Auswanderung hatte zur Folge, dass eine Vielzahl an landwirtschaftlichen Anwesen nicht mehr, oder nur noch unzureichend bewirtschaftet wurde. Diese verlassenen Höfe und Ortschaften sind teilweise bis zum heutigen Tag in der Landschaft als Wüstungen zu erkennen. Auch die Nutzpflanzen der Neuen Welt wurden

---

[17] Die großen Flächen der Latifundien waren durch Viehhaltung leichter und Arbeitsextensiver zu bearbeiten. Im Gegenzug erbringen aber Flächen mit Viehbesatz nur einen Bruchteil dessen an Ertrag was durch Landwirtschaft oder gar durch Bewässerungsfeldbau produziert werden könnte.

[18] Diese Form der Rentenökonomie führte häufig zu einer Verschlechterung der landwirtschaftlichen Flächen.

[19] So entstammte der Anführer bei der Eroberung des Inkareiches, Francisco Pizarro, der Sohn eines einfachen Schweinehirten aus der Extremadura im Süden Spaniens (vgl. http://de.wikipedia.org/wiki/Francisco_Pizarro. aufgerufen am 08.04.2009)

nicht ausreichend in die Landwirtschaft der iberischen Halbinsel integriert. Vielmehr setzten die Grundherren in Spanien und Portugal auf eine Ausdehnung der Viehhaltung. Die Nachfrage nach Fleisch und Wolle in Italien und Westeuropa ermöglichten es zwar gute Gewinne zu erzielen, hatte jedoch zur Folge das kostbare landwirtschaftliche Flächen und kostenintensive Produktionsmittel wie Brunnen und Bewässerungsanlagen nicht mehr ausreichend gewartet wurden und daher verfielen (vgl. Mieck, 1970: S.14). Genauso wenig wurde darauf wert gelegt, dass die neu erworbenen Kolonien landwirtschaftliche Erzeugnisse, mit Ausnahme von Gewürzen, für den Export nach Europa produzierten. So waren einige Kolonien in der Karibik und in Afrika niemals autark und auf Lebensmittellieferungen aus den Mutterländern angewiesen. Erst England, Frankreich und die Niederlande nutzten die Gunsträume ihrer Kolonien um landwirtschaftliche für den europäischen Markt zu produzieren[20] Sowohl Spanien als auch Portugal konnten durch die Expansion enorme Zuflüsse an Edelmetallen verzeichnen. Allerdings wurden diese Gewinne häufig nicht in Produktionsgüter im Mutterland investiert, sondern Kriege innerhalb Europas finanziert[21]. Des Weiteren begann sich durch den unkontrollierten Zustrom von Edelmetallen eine Inflation in Europa auszubreiten. Im Zuge dieser Inflation verloren die landwirtschaftlichen Erzeugnisse an Wert und machten dadurch natürliche Ungunsträume in Zentralspanien noch unproduktiver. Im Zuge der Kolonialisierung Begann so der Verfall der iberischen Landwirtschaft.

2.2.4 Die Rolle der Landwirtschaft bis zur Neuzeit

Die Rolle der Landwirtschaft unterlag in den vergangenen Jahrhunderten großen Schwankungen. Während die Römer die spanische Landwirtschaft nur mäßig förderten und vor allem ihren Blick auf den mineralischen Reichtum der Halbinsel richteten, haben die germanischen Stämme die Errungenschaften der Antike nicht zu nutzen gewusst und diese häufig verkommen lassen. Die Eroberung durch die Araber und Berber Nordafrikas hat hingegen neben der Kultur auch die Landwirtschaft zur Blüte gebracht. Mit der Weiterentwicklung der Landwirtschaft und der Steigerung der Erträge stieg auch das Ansehen der Landbevölkerung. Dieses Ansehen schwand dann rasch wieder im Zuge der Entdeckungsfahrten. Armut und Abenteuerlust trieben viele Landbewohner in die Emigration. Die Landwirtschaft spielte in dieser Zeit nur eine untergeordnete Rolle. Beschleunigt wurde dieser Ansehensverlust durch die steigende Inflation im Zuge der Edelmetallschwemme aus den amerikanischen Kolonien. Während die Pacht, der Zehnt und die Preise für

---

[20] So begannen die Engländer mit dem Tabakanbau an der Ostküste Nordamerikas und die Franzosen mit dem Zuckerrohranbau auf den Inseln der Karibik.

[21] So sind Teile der Einkünfte aus den Minen in Mittel- und Südamerika für die Kriegführung gegen den aufkommenden Protestantismus oder bei der Zurückdrängung des Islam verwendet worden.

landwirtschaftliche Geräte kräftig stiegen, erhielten die Bauern für ihre Produkte immer geringere Vergütungen.

2.3 Entwicklung der Landwirtschaft im 19. und 20. Jahrhundert

Das 19. und 20. Jahrhundert gehört wohl zu den Epochen der Menschheitsgeschichte mit den größten politischen und gesellschaftlichen Umwälzungen. Revolutionen, die Industrialisierung und nicht zuletzt die vielen Kriege haben auch auf der iberischen Halbinsel ihre deutlichen Spuren hinterlassen.

2.3.1 Portugal bis 1986

Nach dem Ende der französischen Besetzung der iberischen Halbinsel wurde die Monarchie mit der Rückkehr des Königs Johann VI. 1821 wieder eingeführt. Obwohl es noch einmal kurzzeitig gelingt eine z. T. absolutistische Herrschaft zu errichten, haben die Ideen der französischen Revolution Fuß fassen können (vgl. do Campo, 2000: S. 34). Dies führte zu einer langsamen Entmachtung des Königshauses und schließlich zur Einführung der Republik 1910. Während des ganzen 19. Jahrhunderts hatten Thronstreitigkeiten und Bürgerkriege eine wirtschaftliche Entwicklung beeinträchtigt[22]. Diese politischen Schwierigkeiten hatten auch Auswirkungen auf den portugiesischen Agrarsektor, der schon stark durch die Emigration nach Nord- und Südamerika und Binnenmigration in die städtischen Ballungszentren geschwächt war. Bedeutend für die Landverteilung in Portugal war dann die Regierung der Cartisten, die die Nationalisierung der Ordens- und Kirchengüter vorantrieb. Allerdings wurden diese Ländereien nicht an die einfache Landbevölkerung verteilt, sondern an reiche Grundbesitzer und Händler verkauft. Dies führte besonders in der Mitte des Landes und in den landwirtschaftlich produktiven Küstengebieten zu einer Konzentration des Landbesitzes. Große Teile der bergigen Regionen im Norden des Landes blieben von dieser Eigentumsakkumulation unberührt. Hier wurde weiterhin das Land durch die Realerbenteilung häufig immer mehr unterteilt, bis diese Parzellen nicht mehr ausreichten um Familien zu ernähren. Dies hatte dann wieder eine Verarmung der ländlichen Bevölkerung und einen Auswanderungsdruck zur Folge. Die erste Hälfte des 20. Jahrhunderts war durch geringes Engagement der politischen Elite im Agrarsektor gekennzeichnet. Einzig die diktatorischen Reformen des „Estado Novo"[23] von António de Oliveira Salazar aus den 1930er Jahren hatten Einfluss auf die Agrarpolitik des Landes.

---

[22] Gleichzeitig erforderte das gewaltige Kolonialreich, dass trotz der Unabhängigkeit Brasiliens noch Teile Afrikas und Indiens umfasste, besondere Aufmerksamkeit. Die Binnenregionen des Kernlandes wurden daher auch aus administrativer Sicht vernachlässigt.
[23] Port. „Neuer Staat", der autoritär- korporativ und nach faschistischem Vorbild gestaltet war.

„Die Agrarpolitik des Estado Novo war der Entwicklung nicht dienlich. Die wenigen Investitionsprojekte in der Landwirtschaft waren an den Interessen der Großgrundbesitzer orientiert. So konnte sich die traditionelle Agrarstruktur des Landes nicht entfalten" (do Campo, 2000: S. 81)

Erst mit dem Ende der Diktatur 1974 und den demokratischen Wahlen von 1976 wurden die bestehenden politischen Verhältnisse beseitigt und eine Annäherung an die Europäische Union begonnen (vgl. http://www.uni-protokolle.de/Lexikon/Geschichte_Portugals.html aufgerufen am 10.04.2009). Der Beginn der Annäherung und die Befreiung aus der internationalen Isolierung gingen dann mit einer Öffnung des portugiesischen Marktes einher[24]. Besonders das günstige Lohnniveau im Vergleich zu Westeuropa und die hervorragende Lage an den Hauptschifffahrtswegen der Erde ermöglichten es dem Land rasch Auslandinvestitionen anzulocken. Die geringen Lohnkosten führten zu der Ansiedelung arbeitsintensiver Betriebe. Die Folge der Ansiedelung war eine Verstärkung der Binnenwanderung und der Landflucht. Dieser Prozess dauert bis heute an und wurde durch das Wachstum des tertiären Sektors noch weiter beschleunigt[25]. Das aus den genannten Problemen gewachsene Strukturdefizit im Primärsektor hat dazu beigetragen, dass die portugiesische Landwirtschaft nicht mit den Effizienz- und Produktivitätssteigerungen der übrigen westeuropäischen Staaten mithalten konnte (vgl. Briesemeister / Schönberger, 1997: S. 21 – 24).

2.3.2 Gegenwärtige Entwicklung und Rolle der Landwirtschaft in Portugal

Für die portugiesische Wirtschaft brachte der Beitritt zur EWG am 01.01.1986 und die damit verbundenen Strukturhilfen einen tief greifenden Wandel. Besonders für die Landwirtschaft ergaben sich mit der Aufhebung der Schutzzölle und dem Zugang zum europäischen Binnenmarkt große Veränderungen. Mit der Verbesserung der Effizienz, wie zum Beispiel die Nutzung von chemischen Düngemitteln oder maschinellen landwirtschaftlichen Geräten, und dem Wirtschaftswachstum im sekundären und tertiären Sektor lösten sich traditionelle landwirtschaftliche Strukturen auf. Die kleinteilige Parzellierung der Agrarflächen und die Produktion für den Eigenbedarf sind vor allem in den Küstenregionen im Norden und der Algarve im Süden bereits durch große zusammenhängende Betriebe ersetzt worden (vgl. Pinto/ Lobo, 2006: S. 7/8). Wie sich auf Abbildung 4 erkennen lässt sind bereits mehr als 60 Prozent der Fläche in Betrieben mit mehr als 50 Hektar Größe konzentriert. Diese Konzentration nimmt stetig zu. Die Abbildung 4 zeigt aber auch, dass innerhalb von zwei

---

[24] Mitgliedschaft in der EFTA und IWF seit 1960.
[25] Neben der Holz- und Papierindustrie haben auch im Bereich des Tourismus viele Menschen neue Arbeit gefunden.

Jahren die Fläche der kleinen Betriebe bis 20 Hektar Größe um 100000 Hektar abgenommen hat. Dafür konnten die Großbetriebe ihre Fläche vergrößern.

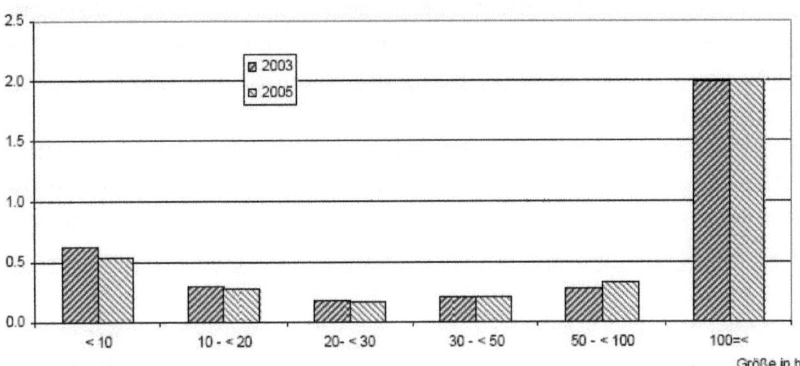

Abb. 4: Landwirtschaftliche Fläche nach Betriebsgröße[26]

An Tabelle 5 lassen sich die Gesamtfläche und die Aufteilung auf die Betriebsgrößen, sowie die Prozentangaben für bestimmte Eigenschaften der Flächen, ablesen. Während 36 % der Betriebe mit weniger als 5 Hektar Größe bewässerte Flächen besitzen, sind dies bei den Großbetrieben lediglich 6,5 %. Die Extensivierung des Landbaus steigt also mit der Größe der Fläche.

Tab 5: Eigenschaften der landwirtschaftlichen Fläche im Vergleich zur Gesamtfläche 2005[27]

Betriebsgröße	Landwirtschaftliche Fläche (ha)				Alle Betriebe
	< 5	5 -< 20	20 -< 50	50 =<	
Fläche (1000 ha)					
Gesamtfläche	575,0	720,1	467,5	2660,0	4422,7
Landwirtschaftliche Fläche... (%)					
... in Eigentum	87,2	80,5	68,2	64,8	69,4
... in benachteiligten oder Berggebieten	68,4	77,6	84,2	92,4	87,3
... mit ökologischem Landbau	0,1	0,4	0,9	3,1	2,2
... mit bewässerter Fläche	36,4	22,4	15,7	6,5	12,4

Tab 6: Dauer- und Intensivkulturen in Hektar 2005[28]

Dauerkulturen	134,5	202,2	87,8	165,5	590,1
Obst- und Beerenobstanlagen	24,1	50,1	20,4	14,6	109,2
Zitrusanlagen	6,5	6,7	3,9	2,1	19,3
Olivenanlagen	45,2	84,0	38,4	111,3	278,8
Rebanlagen	58,3	60,6	24,7	37,2	180,7

---

[26] vgl. Benoist/ Marquer, 2006: S. 1
[27] vgl. Benoist/ Marquer, 2006: S. 5
[28] vgl. Benoist/ Marquer, 2006: S. 5

Betrachtet man aber nun die Tabelle 6, so erkennt man aber auch das besonders viele kleine Betriebe sich auf die Produktion von landwirtschaftlichen Erzeugnissen für den europäischen Markt konzentriert haben[29]. Die großen Betriebe haben ihren Schwerpunkt dagegen bei der extensiven Landwirtschaft mit Getreide und besonders der Viehzucht[30]. Die Erzeugung von Nahrungsmitteln für den Binnenmarkt hat dennoch nachgelassen und sorgt heute dafür, dass das Land den eigenen Bedarf nicht mehr vollständig decken kann. Der portugiesische Agrarsektor hat nicht zuletzt wegen bedeutender Strukturhilfen aus Brüssel einen Aufschwung erleben können. Dazu haben Hilfen des EDRF genauso beigetragen wie Darlehen der EIB[31]. Der Entwicklungsstand der Landwirtschaft ist auch an der Zahl der Beschäftigten abzulesen. So waren in Portugal 2003 noch 12,5 Prozent der Beschäftigten in der Landwirtschaft tätig (vgl. http://www.bpb.de/themen/EJNBA7,0,0,Portugal.html aufgerufen am 07.04.2009). Dieser Wert wird nur von den EU- Neumitgliedern in Osteuropa und wenigen Regionen im Süden der Union übertroffen. Ein weiteres Problem der portugiesischen Landwirtschaft ist die Demographie. 2005 waren schon 68 % der Betriebsinhaber älter als 55 Jahre und nur 3 % jünger als 35 Jahre alt (vgl. Benoist/ Marquer, 2006: S. 1). Die fehlende Attraktivität des Agrarsektors durch schlechte Entlohnung, geringe Aufstiegsmöglichkeiten und dem Festhalten an traditionellen Strukturen machen es immer schwieriger ausreichend qualifizierten Nachwuchs zu finden. Die Rolle der Landwirtschaft ist in der Vergangenheit immer weiter zurückgegangen. Dies lag zum einen an der portugiesischen Gesellschaft, die die Arbeit der Landwirte immer weniger zu würdigen wusste, zum anderen aber auch an der Politik, die ihre wirtschaftlichen Schwerpunkte auf den sekundären und tertiären Sektor verlagerte und gleichzeitig wichtige Reformen des Agrarsektors verschleppte. Gegenwärtig hat in Portugal im Bereich der Forstwirtschaft ein Aufschwung begonnen. Große Flächen, besonders in den Hochlagen, wurden in den vergangenen Jahren mit schnell wachsenden Nadel- oder Eukalyptusbäumen bepflanzt. Nach einer Reifezeit von maximal 30 Jahren werden diese dann gerodet und zu Zellulose verarbeitet. Um diese Form der Forstwirtschaft effektiv betreiben zu können, ist eine Konzentration der Eigentumsverhältnisse nötig. Internationale Papierkonzerne kaufen daher im großen Maßstab kleine Parzellen auf und legen diese zu großen Flächen zusammen. Die Zukunft der portugiesischen Landwirtschaft ist also zum einen die Konzentration der Flächen[32] und die Spezialisierung auf Nischenprodukte für den Export.

---

[29] Anteil an der Gesamtfläche beträgt ca. 13 %, während der Anteil der Kleinbetriebe an den Dauer- und Intensivkulturen ca. 22 % beträgt (eigene Berechnungen auf Grundlage: Benoist/ Marquer, 2006: S. 5).

[30] So werden durch Betriebe mit mehr als 50 Hektar Größe (ca. 66 % der land. Gesamtfläche) ca. 62 % der Getreidefläche und ca. 84 % der Weideflächen angebaut (eigene Berechnungen auf Grundlage: Benoist/ Marquer, 2006: S. 5).

[31] So flossen 1989 – 1993 fast sechs Prozent aller EU- Mittel für Portugal in den Sektor ländliche und agrarische Entwicklung (vgl. Briesemeister / Schönberger, 1997: S. 31).

[32] Und damit Mechanisierung und Automatisierung.

2.3.3 Spanien bis zum Beitritt zur Europäischen Wirtschaftsgemeinschaft

Ebenso wie die übrigen europäischen Staaten hatte Spanien Probleme mit den Umwälzungen zu Beginn des 19. Jahrhunderts umzugehen. Da ein großer Teil der Bevölkerung nach wie vor auf dem Land lebte und in der Landwirtschaft beschäftigt war, haben soziale und politische Veränderungen in dieser Umgebung, Auswirkungen auf das ganze Land. Die Ideen der französischen Revolution und die Dominanz der katholischen Kirche führten zu einem explosiven Gemisch, dass das Land im 19. Jahrhundert nicht zur Ruhe kommen ließ. Spanien verschlief so, mit Ausnahme weniger Gebiete im Baskenland und in Katalonien, die industrielle Revolution. Industrie konnte sich nur spärlich entwickeln. Eine Abwanderung der Arbeitskräfte in den sekundären Sektor und damit eine Notwendigkeit zur Effizienzsteigerung im Agrarsektor blieben aus. Auch eine Landreform blieb ohne Erfolg. Vielmehr konnten sich wenige wohlhabende Großgrundbesitzer im Zuge von Säkularisation und Landreformen günstig gewaltige Agrarflächen aneignen. So besaßen um 1900 ein Prozent der Landbesitzer 42 Prozent des Bodens (vgl. Herzog, 1989: S. 51). Obwohl diese gewaltigen Flächen für industrielle und mechanisierte Bewirtschaftung prädestiniert sind, hat der Einsatz von Maschinen bis in die 70er Jahre des 20. Jahrhunderts auf sich warten lassen. Vielmehr setzten die Großgrundbesitzer bei der Bearbeitung ihrer landwirtschaftlichen Flächen auf die Anwerbung von Tagelöhnern oder Immigranten. (vgl. Breuer, 2008: S. 32). Heute sind diese Latifundien modernisiert und mechanisiert[33]. Sie sind daher in der Lage, im Vergleich zu anderen europäischen Ländern, genauso effizient zu arbeiten.

2.3.4 Aktuelle Entwicklung und Rolle der spanischen Landwirtschaft

Die spanische Landwirtschaft ist nach dem Beitritt zur Europäischen Wirtschaftgemeinschaft am 01.01.1986 einem stärkeren Wettbewerb ausgesetzt. Die Schutzzölle, die zur Zeit der Francodiktatur das Land vom Weltmarkt abgeschottet hatten, mussten abgebaut werden. Durch diese Entwicklung haben die regionalen Disparitäten stark zugenommen[34] (vgl. Diez, 2003: S. 4 - 11). Mit dem Beitritt zur EWG und der Öffnung der regionalen und nationalen Märkte hat sich auch die Verteilung der Beschäftigten verändert. Waren 1974 noch über 20

---

[33] Der Einsatz von Maschinen und chemischen Schädlingsbekämpfungsmitteln hat natürlich dazu geführt, dass ein großer Teil der Tagelöhner nicht mehr benötigt wird. Da jedoch vor allem in den Küstenregionen der Tourismus boomt, konnten soziale Spannungen verhindert werden.

[34] Die Disparitäten werden durch den Boom der Tourismusbranche und die gleichzeitige Verlagerung der Industrieproduktion hervorgerufen. Auch in der Landwirtschaft entwickelten sich starke Disparitäten. Während die Regionen mit Bewässerungsfeldbau und Gewächshauslandwirtschaft stark vom EU – Binnenmarkt profitieren konnten, haben die Viehzüchter und Landwirte mit Trockenfeldbau unter der billigen Konkurrenz aus anderen EU Staaten zu leiden.

Prozent der Erwerbspersonen in der Landwirtschaft beschäftigt, sank diese Zahl bis 1999 auf 3,4 Prozent (vgl. Breuer, 2008: S. 12). Viele Anforderungen aus Brüssel, der Preisverfall für landwirtschaftliche Erzeugnisse und die Entstehung neuer Arbeitsplätze im tertiären Sektor führten dazu, dass die Zahl der in der Landwirtschaft Beschäftigten seit Jahrzehnten beständig abnimmt. Mit der Zahl der Beschäftigten sinkt auch die Zahl der kleinen und mittleren Betriebe. So zeigt Abbildung 7, dass die Fläche der Großbetriebe in Spanien innerhalb von zwei Jahren um 100000 Hektar zugenommen hat.

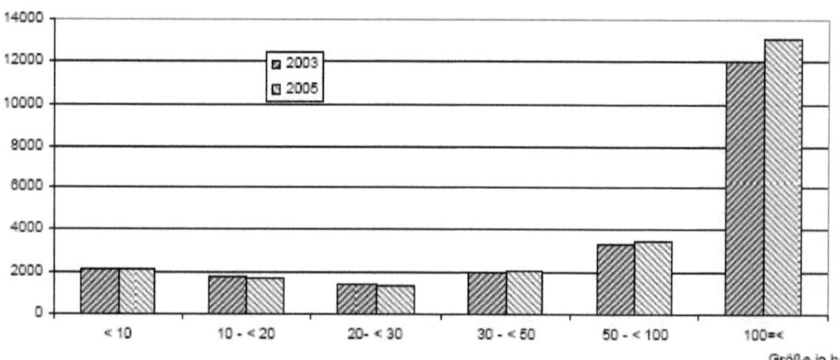

Abb. 7: Landwirtschaftliche Fläche nach Betriebsgröße[35]

Die Struktur der spanischen Agrarflächen ist viel ungleichmäßiger verteilt als die Verteilung der portugiesischen Flächen, wie man an Tabelle 8 ablesen kann.

Tab. 8: Eigenschaften der landwirtschaftlichen Fläche im Vergleich zur Gesamtfläche 2005[36]

Betriebsgröße	Landwirtschaftliche Fläche (ha)				Alle Betriebe
	< 5	5 - < 20	20 -< 50	50 =<	
Fläche (1000 ha)					
Gesamtfläche	1577,2	3648,6	4057,3	21117,7	30400,7
Landwirtschaftliche Fläche... (%)					
... in Eigentum	92,1	82,3	67,8	63,2	67,4
... in benachteiligten oder Berggebieten	60,6	71,8	75,2	79,8	77,4
... mit ökologischem Landbau	0,8	1,1	1,4	1,5	1,4
... mit bewässerter Fläche	32,6	22,1	19,4	10,5	14,1

Während in Portugal noch ca. 13 % der Fläche zu kleinen Höfen mit weniger als 5 Hektar gehören, sind dies in Spanien nur noch lediglich ca. 5 %. Auch die Konzentration auf große Betriebsflächen ist in Spanien weitaus ausgeprägter als in Portugal. So sind in Spanien bereits knapp 70 % der Flächen in der Nutzung von Großbetrieben ab 50 Hektar Größe, während in Portugal diese Zahl erst bei ca. 60 % liegt. Ähnlichkeiten sieht man hingegen bei

---

[35] vgl. Benoist/ Marquer, 2007: S. 1
[36] vgl. Benoist/ Marquer, 2007: S. 5

der Verteilung der bewässerten Fläche. Auch in Spanien sind die meisten Flächen mit Bewässerung bei den Kleinbetrieben bis 5 Hektar zu finden. Bei den Dauerkulturen gibt es zwischen den beiden Nachbarn dann wieder erhebliche Unterschiede. Diese arbeitsintensiven Produkte werden in Spanien eher von den mittleren Betrieben zwischen 5 und 50 Hektar angebaut. Auch die Großbetriebe über 50 Hektar sind bei den Dauerkulturen gut vertreten. Aber auch in Spanien sind die Großbetriebe eher im Bereich des Trockenfeldbaus oder der Viehhaltung aktiv[37].

Tab 9: Dauer- und Intensivkulturen in Hektar 2005[38]

Dauerkulturen	678,2	1295,1	881,4	1363,7	4218,3
Obst- und Beerenobstanlagen	147,3	295,7	165,8	195,3	804,2
Zitrusanlagen	110,0	72,3	35,3	64,6	282,3
Olivenanlagen	329,2	596,1	420,7	759,2	2105,2
Rebanlagen	88,9	327,9	257,2	339,4	1013,4

Von großer Bedeutung für die spanische Landwirtschaft ist die Zufuhr von günstigem Nutzwasser[39]. Obwohl neben dem Oberflächenwasser seit 1985 auch das Grundwasser gesetzlich zum öffentlichen Eigentum erklärt worden ist, sind heute noch eine große Zahl an illegalen Brunnen aktiv (vgl. Chatel, 2006: S. 22/23). Der ungehemmte Verbrauch und der Anstieg der Nachfrage haben besonders im Süden des Landes dazu geführt, dass die Agrarindustrie zunehmend unter Wassermangel zu leiden hat. Einen ersten Vorgeschmack auf die künftige Entwicklung musste die iberische Halbinsel bereits im Sommer 2005 erfahren, als ein Teil der Ernte einer Dürre zum Opfer fiel und die Wasserreservoire z. T. trocken fielen.

2.3.5 Die Auswirkungen der EU auf die iberische Landwirtschaft

Spanien und Portugal gehören neben Griechenland und Italien zum geographischen Süden der Europäischen Union. Alle diese Mittelmeeranrainer weisen ähnliche Probleme im Bezug auf die landwirtschaftliche Entwicklung auf. Neben den neuen Staaten Osteuropas gehören diese vier Länder zu den größten Nettoempfängern aus den Fördertöpfen der EU. Die Europäische Union nutzt eine Vielzahl an Instrumenten um den europäischen Agrarsektor zu steuern und zu reglementieren. Die EU hat fünf mögliche Felder auf denen sie aktiv die Agrarpolitik gestalten kann[40]. Von großer Bedeutung für die iberische Halbinsel sind vor allem die Felder der Regionalpolitik und Umweltpolitik. Bei der Regionalpolitik der EU werden

---

[37] So sind in Spanien fast 82 % der Weidefläche und 75 % des Weizens in Betrieben produziert worden, die größer sind als 50 Hektar (eigene Berechnungen auf Grundlage: Benoist/ Marquer, 2007: S. 5)
[38] vgl. Benoist/ Marquer, 2007: S. 5
[39] Die Landwirtschaft in Spanien benötigt bis zu 70 % des Wasserverbrauchs.
[40] Diese Felder sind die Markt- und Preispolitik, die Strukturpolitik, die Sozialpolitik, die Regionalpolitik und die Umweltpolitik.

periphere Räume und Gebiete mit ungünstigen natürlichen Produktionsbedingungen gefördert[41] (vgl. Arnold, 1997: S. 88). Die europäischen Regionen wurden in Zielregionen klassifiziert. Strukturschwache Regionen mit Entwicklungsrückstand wurden in die Klasse eins eingeteilt, während die Regionen mit Umstrukturierungsbedarf in Klasse zwei kamen. Regionen, die keine Förderung erhalten sollten wurden der Klasse drei zugeteilt. Mit Ausnahme der Ballungsräume um Madrid, Barcelona und Lissabon sind alle Regionen der iberischen Halbinsel in Klasse eins oder zwei (vgl. von Urff, 2008: S. 219). Diese Verteilung zeigt bereits die enorme Bedeutung der EU für die Förderung und Entwicklung der iberischen Landwirtschaft. Problematisch an der Förderpolitik der EU ist die Konzentration auf Quantität der Produktion. So werden besonders Betriebe mit großen Flächen und großer Stückzahl an Vieh gefördert. Die Subventionen der EU haben in Spanien dazu geführt, dass die Landwirte ihre Anbauflächen massiv erweiterten oder, da der Bewässerungsfeldbau besonders gefördert wird, ungünstige Anbauflächen bewässern. Dazu legte die Bevölkerung, besonders in den trockenen Gebieten Andalusiens, Murcias und Valencias Brunnen an, die den Grundwasserspiegel der Region sinken ließen. Da die Brunnen häufig illegal und unkoordiniert angelegt wurden und diese Wasserentnahme zu einer Verringerung des Grundwassers führte, haben eine große Zahl an Flüssen und Bächen ihren Wasserstand ins Grundwasser abgegeben und sind trocken gefallen (vgl. http://www.agenda21-treffpunkt.de/archiv/06/05/WWF5B.HTM aufgerufen am 05.04.2009).

3 Schluss und Ausblick

Spanien und Portugal haben in den vergangenen Jahrhunderten große Veränderungen erlebt. Beide Staaten haben lange Zeit die wirtschaftliche Entwicklung verschlafen. Erst mit dem Beginn des Demokratisierungsprozesses in den 70er Jahren des 20. Jahrhunderts gelang es den beiden Ländern den Anschluss an die übrigen westeuropäischen Staaten zu gewinnen. Die Entwicklung der Landwirtschaft auf der iberischen Halbinsel ist daher im Augenblick besonders rasant. Viele moderne Techniken und Verfahren werden zurzeit in die agrarischen Prozesse und Strukturen integriert. Dieser schnelle Wandel hinterlässt tiefe Einschnitte im ländlichen Raum. Die jungen Erwerbstätigen versuchen im expandierenden Dienstleistungssektor Arbeit zu finden und wandern so in die Ballungszentren ab. Neben der Landflucht sind auch die zunehmende Degradation und der Wassermangel ein empfindliches Problem, mit dem die Menschen umzugehen haben. Im Vergleich zu Portugal ist die Konzentration von Grund und Boden in Spanien viel weiter fortgeschritten. Es bleibt abzuwarten wie sich die Landverteilung in Zukunft verändern wird. Ein weiterer Faktor der

---

[41] So erhalten spanische und portugiesische Landwirte Zuschüsse für die Kultivierung ungünstiger Hanglagen, oder Gelder für den Erhalt der Bodenfruchtbarkeit und die Landschaftspflege.

die Zukunft der iberischen Landwirtschaft bestimmen wird ist der fortschreitende Klimawandel und die Desertifikationsentwicklung. Der spanische Südosten gilt als eine der von Wüstenbildung am stärksten betroffenen Regionen Europas. Neben der Landwirtschaft drängen sich hier immer größere Touristenmassen, die ebenfalls erheblichen Wasserbedarf generieren. Das richtige Maß zwischen dem natürlichen Wasserhaushalt und dem steigenden Bedarf zu finden wird zunehmend schwieriger. Spanien und Portugal sind heute besonders stark auf die Förderpolitik der EU ausgerichtet. Nachdem 2004 12 Staaten Mittel- und Osteuropas zur Gemeinschaft hinzukamen, werden natürlich auch die Subventionen angepasst. Die südlichen Länder werden in naher Zukunft bedeutend weniger Unterstützung aus Brüssel erhalten. Daher müssen die Landwirte der iberischen Halbinsel in den kommenden Jahren weitere Einkommenseinbußen hinnehmen. Wie stark sich die wirtschaftliche, politische und naturräumliche Problematik auf die Produktion und das agrarische Leistungsvermögen der Halbinsel auswirken wird, ist heute noch nicht absehbar. Aus diesem Grund ist die zukünftige Entwicklung der Landwirtschaft in Spanien und Portugal noch nicht absehbar und wird weiterhin von der Gesamtentwicklung der iberischen Halbinsel abhängen.

4 Literaturverzeichnis

Internetquellen

- http://de.wikipedia.org/wiki/Francisco_Pizarro (aufgerufen am 08.04.2009)
- http://www.agenda21-treffpunkt.de/archiv/06/05/WWF5B.HTM (aufgerufen am 05.04.2009)
- http://www.bpb.de/themen/EJNBA7,0,0,Portugal.html (aufgerufen am 07.04.2009)
- http://www.uni-protokolle.de/Lexikon/Geschichte_Portugals.html (aufgerufen am 10.04.2009)

Bibliographie

- Arnold, Adolf (1997): Allgemeine Agrargeographie, Gotha und Stuttgart
- Breuer, Toni (1982): Spanien, Stuttgart
- Breuer, Toni (2008): Iberische Halbinsel, Darmstadt
- Briesemeister, Dietrich/ Schönberger, Axel (1997): Portugal – Politik – Wirtschaft – Kultur – heute, Frankfurt am Main
- Brückner, Helmut (1994): Das Mittelmeergebiet als Naturraum, In; Martin, Jochen (1994): Das Alte Rom, München
- Chatel, Thomas (2006): Wasserpolitik in Spanien – eine kritische Analyse; In: Wasserpolitik – Geographische Rundschau (2006), Nr. 2, Braunschweig
- Diez, Javier Revilla (2003): Regionale Disparitäten in Spanien; In: Spanien – Geographische Rundschau (2003), Nr. 5, Braunschweig
  Do Campo, José Luis de Azevedo (2000): Einführung in die Landeskunde von Portugal, Teil 1, Rostock
- Herzog, Werner (1989): Spanien, München
- Mieck, Ilja (1970): Europäische Geschichte der frühen Neuzeit, 6. Auflage, Stuttgart
- Pinto, Antonio Costa/ Lobo, Marina Costa (2006):Portugal und die EU; In: Slowenien und Portugal – ApuZ (2006) Nr. 46, Bonn
- Rother, Klaus (1993): Der Mittelmeerraum, Stuttgart
- Schönenberg, Reinhard/ Neugebauer, Joachim (1997): Einführung in die Geologie Europas, Freiburg
- Von Urff, Winfried (2008): Agrarmarkt und Struktur des ländlichen Raums in der Europäischen Union; In: Weidenfeld, Werner (Hrsg.) (2008): Die europäische Union, Bonn
- Wagner, Horst – Günter (2001): Mittelmeerraum, Darmstadt

Abbildungsbibliographie

- Benoist, György/ Marquer, Pol (2006): Struktur der Landwirtschaft in Portugal, 24/2006, Europäische Gemeinschaften
- Benoist, György/ Marquer, Pol (2007): Struktur der Landwirtschaft in Spanien, 24/2007, Europäische Gemeinschaften
- Gurrath, Peter (2006): Landwirtschaft in Deutschland und der Europäischen Union, Statistisches Bundesamt, Wiesbaden
- http://de.wikipedia.org/wiki/Sierra_Nevada_(Spanien) aufgerufen am 10.04.2009 – Satellitenaufnahme der NASA